Guida alla Coltivazione dell'Erica

Impara cosa fare bene per coltivare incantevoli Eriche

A. Duller

Lisa Shardon

Guida alla Coltivazione dell'Eriche

Introduzione

L'Erica è una pianta sempreverde appartenente alla famiglia delle Ericaceae, un gruppo botanico che include diverse piante dall'aspetto elegante, colorato e che si adattano molto bene a vari ambienti. La sua coltivazione è diffusa in molte aree, in particolare in zone caratterizzate da climi miti e terreni ben drenati, poiché questo genere botanico prospera in terreni acidi e soleggiati. Originaria dell'Europa, dell'Africa e delle isole Canarie, l'Erica è nota per i suoi fiori piccoli, a forma di campanella, che sbocciano in infiorescenze colorate che variano dal bianco al rosa, al viola e al rosso. Questo ha reso l'Erica una pianta ornamentale molto apprezzata in giardini, parchi e anche per scopi decorativi all'interno delle case.

L'Erica viene spesso associata alla pianta del brugo (Calluna vulgaris), a causa delle somiglianze sia visive che botaniche tra i due generi. Tuttavia, le differenze principali risiedono nella struttura delle foglie e nei cicli di fioritura: mentre il brugo fiorisce principalmente in autunno, l'Erica presenta specie che fioriscono in diversi momenti dell'anno, offrendo un impatto visivo prolungato e la possibilità di creare composizioni floreali che rimangono belle anche nei mesi più freddi.

Caratteristiche generali

L'Erica si presenta come una pianta resistente, bassa e compatta, che raramente supera i 50 cm di altezza, anche se esistono alcune specie più alte, specialmente nelle regioni di origine africana. Le foglie dell'Erica sono piccole, aghiformi, simili a quelle delle conifere e disposte in verticilli lungo il fusto. Questa particolare conformazione le permette di ridurre la perdita d'acqua, una caratteristica utile per sopravvivere in ambienti aridi o con poca disponibilità idrica.

Le infiorescenze dell'Erica sono molto dense e di piccole dimensioni, ma formano un effetto visivo notevole grazie alla vivacità dei colori e alla fioritura abbondante. Le corolle dei fiori sono a forma di campanula e, in molte specie, sono pendule, rivolte verso il basso. Il colore dei fiori varia da specie a specie, passando dal bianco puro fino alle diverse sfumature di rosa, viola e rosso. Alcune varietà, come Erica carnea, offrono una fioritura precoce, a partire già dall'inverno, il che la rende ideale per colorare i giardini durante i mesi più freddi.

Specie più comuni

Di seguito alcune delle specie più conosciute e diffuse di Erica, coltivate sia per la loro estetica che per la loro resistenza e adattabilità:

1. **Erica carnea**: Conosciuta anche come "Erica invernale," è una delle specie più diffuse nei giardini. Fiorisce in inverno, da gennaio a marzo, ed è apprezzata per la sua capacità di resistere al freddo. I fiori sono

piccoli, di colore rosa, bianco o viola.

2. **Erica arborea**: Conosciuta come "Erica arborea" o "Erica bianca," questa specie può crescere fino a 3 metri di altezza. È originaria delle regioni mediterranee e produce fiori bianchi, particolarmente apprezzata per l'uso ornamentale in giardini ampi o come arbusto da siepe.

3. **Erica cinerea**: Questa specie è caratterizzata da fiori di un colore viola acceso, che sbocciano in estate, da giugno a settembre. È una pianta bassa e cespugliosa, ideale per i giardini rocciosi e i terreni sabbiosi.

4. **Erica gracilis**: Conosciuta anche come "Erica di Natale," è molto utilizzata per scopi decorativi durante le festività natalizie, grazie ai suoi fiori rosa-rosso e alla fioritura che si estende fino all'inverno.

5. **Erica scoparia**: Questa specie può raggiungere altezze considerevoli, fino a 5 metri. I suoi fiori sono piccoli e di colore verde-giallo. È ampiamente coltivata in regioni dal clima mite.

6. **Erica multiflora**: È una pianta arbustiva che può raggiungere il metro di altezza, con fiori rosa che sbocciano in autunno. Resiste bene alla siccità e ai terreni poveri, motivo per cui viene spesso utilizzata nelle regioni mediterranee.

Capitolo 1: Scelta del terreno

La scelta del terreno è uno degli aspetti più importanti per assicurare una crescita ottimale dell'Erica. Essendo una pianta acidofila, l'Erica prospera in suoli acidi, ben drenati e ricchi di sostanze organiche. Questo ambiente è necessario per riprodurre le condizioni naturali in cui questa pianta cresce spontaneamente, in aree montuose e collinari, caratterizzate da suoli tendenzialmente acidi.

Tipo di suolo ideale

Il tipo di terreno ideale per l'Erica deve rispondere a una serie di requisiti, tra cui il pH, la struttura e la capacità di drenaggio. Analizziamo in dettaglio questi aspetti:

1. **Acidità (pH)**: Il terreno per l'Erica dovrebbe essere acido, con un pH compreso tra 4,5 e 6. Questo perché la pianta non tollera bene i terreni alcalini, che possono interferire

con l'assorbimento dei nutrienti. Nei suoli troppo basici o calcarei, l'Erica può sviluppare sintomi di clorosi, un ingiallimento delle foglie dovuto alla carenza di ferro, elemento essenziale per la fotosintesi.

2. **Drenaggio**: L'Erica richiede un terreno ben drenato, in grado di evitare il ristagno idrico. Una buona soluzione è il terreno sabbioso o ghiaioso, che permette il deflusso dell'acqua in eccesso. Le radici dell'Erica sono particolarmente sensibili all'umidità persistente, che può portare a marciume radicale e altre malattie fungine.

3. **Sostanza organica**: L'Erica cresce meglio in terreni ricchi di sostanza organica, come torba, compost e pacciame. Questi materiali forniscono nutrienti essenziali e aiutano a mantenere la struttura del terreno sciolta e arieggiata, favorendo l'espansione delle radici.

4. **Texture del terreno**: Il terreno

dovrebbe essere sciolto e leggero, possibilmente sabbioso o ghiaioso. In alternativa, si può migliorare un terreno argilloso o compatto aggiungendo sabbia o pietra pomice, per renderlo più adatto alla pianta.

Preparazione del terreno

La preparazione del terreno è un passaggio cruciale per assicurare la salute e la crescita rigogliosa dell'Erica. I seguenti passaggi descrivono il processo di preparazione del suolo prima della messa a dimora delle piante:

1. **Analisi del pH del terreno**: Prima di tutto, è consigliabile testare il pH del terreno utilizzando un kit di misurazione. In caso di terreno troppo alcalino, si possono aggiungere materiali acidificanti come la torba o lo zolfo per abbassare il pH. In alternativa, è possibile utilizzare terricci per piante acidofile, già predisposti con il pH adatto.

2. **Lavorazione del suolo**: Prima di piantare l'Erica, è importante dissodare il terreno fino a una profondità di circa 30 cm. Questo facilita la penetrazione delle radici e migliora il drenaggio. Se il terreno è troppo argilloso o compatto, si può incorporare sabbia o ghiaia per migliorare la struttura e facilitare il drenaggio.

3. **Aggiunta di sostanza organica**: Durante la preparazione del suolo, è consigliabile mescolare una buona quantità di sostanza organica, come compost o torba. La torba, in particolare, è ideale per l'Erica, poiché contribuisce a mantenere il pH acido e fornisce un substrato leggero e drenante.

4. **Pacciamatura**: Dopo aver piantato l'Erica, si può aggiungere uno strato di pacciamatura attorno alla base della pianta. Questo strato di corteccia, aghi di pino o trucioli di legno acidifica ulteriormente il suolo, trattiene l'umidità e previene la crescita delle erbe infestanti. La pacciamatura aiuta anche a mantenere costante la temperatura del

terreno, proteggendo le radici dai sbalzi termici.

5. **Irrig

azione controllata**: Sebbene l'Erica sia una pianta abbastanza resistente alla siccità, durante la fase iniziale della crescita è importante mantenere il terreno leggermente umido ma mai eccessivamente bagnato. Si consiglia di irrigare solo quando il suolo è asciutto e di evitare il ristagno d'acqua.

6. **Protezione da eventi climatici estremi**:
In alcune aree, l'Erica può soffrire a causa di
sbalzi termici, gelo intenso o prolungati
periodi di siccità. Per proteggerla, è possibile
utilizzare teli ombreggianti in estate o
coperture anti-gelo in inverno. Inoltre, un
posizionamento strategico in giardino, ad
esempio vicino a un muretto che offre
protezione dal vento, può aiutare la pianta a
mantenere condizioni più stabili.

In conclusione, l'Erica è una pianta robusta e versatile, ma richiede un terreno ben preparato e adatto alle sue necessità specifiche per crescere rigogliosa.

Capitolo 2: Esposizione e Clima

L'Erica è una pianta dalle esigenze ambientali piuttosto specifiche, soprattutto in termini di esposizione solare, condizioni climatiche e irrigazione. Per prosperare, richiede infatti un clima che rispecchi quello dei suoi ambienti originari: terreni acidi, ben drenati e con esposizione variabile in base alla specie. Una corretta gestione dell'irrigazione, inoltre, è fondamentale per mantenere l'Erica sana e rigogliosa. Analizziamo nel dettaglio tutti questi aspetti.

Esposizione alla luce

Esposizione ideale in base alla specie

L'esposizione solare per le piante di Erica varia a seconda della specie. Alcune specie preferiscono l'esposizione diretta alla luce solare, mentre altre tollerano meglio l'ombra parziale, in particolare nelle regioni con clima caldo.

1. **Erica carnea**: È una delle specie più versatili in termini di esposizione. È resistente e può tollerare bene il sole pieno, ma si adatta anche a zone parzialmente ombreggiate. In particolare, nelle aree molto calde, può essere vantaggioso piantarla in un'area con ombra parziale per evitare il rischio di stress idrico durante i mesi estivi.

2. **Erica gracilis**: Preferisce un'esposizione al sole pieno, ma può essere posizionata anche in zone leggermente ombreggiate. Questa specie è spesso coltivata come pianta ornamentale per vasi e giardini, dove può ricevere luce indiretta, e fiorisce bene in inverno.

3. **Erica arborea**: Cresce meglio in condizioni di pieno sole, ma è comunque in grado di adattarsi a un'ombra parziale. Questa specie, originaria del Mediterraneo, è particolarmente resistente al calore e al sole

diretto, anche nelle stagioni più calde.

4. **Erica cinerea**: Questa specie ha bisogno di una buona esposizione alla luce solare per fiorire abbondantemente e mantenere colori vivaci. Nei climi freschi o temperati, il sole pieno garantisce una fioritura prolungata e una crescita ottimale.

5. **Erica scoparia e Erica multiflora**: Entrambe queste specie tollerano bene il sole diretto e sono adatte a regioni calde. Tuttavia, nelle zone particolarmente aride, è consigliabile posizionarle in modo che abbiano un po' di ombra nelle ore più calde della giornata per evitare disidratazione eccessiva.

Effetti della luce sulla crescita e fioritura

L'Erica richiede la luce solare per stimolare la fotosintesi e, di conseguenza, la produzione di fiori. Un'esposizione insufficiente alla luce può causare una fioritura meno intensa o addirittura l'assenza di fiori. Nei casi in cui l'Erica venga coltivata in ambienti domestici o serre, è importante assicurarsi che la pianta riceva almeno 4-6 ore di luce indiretta al giorno. Se possibile, è consigliabile ruotare la pianta periodicamente per garantire un'illuminazione uniforme su tutte le sue parti.

Condizioni climatiche ottimali

L'Erica è originaria di regioni montane e costiere, caratterizzate da climi freschi o temperati e da terreni ben drenati. È importante replicare queste condizioni per coltivarla con successo. Tuttavia, diverse specie di Erica possono tollerare condizioni climatiche più estreme, come il caldo intenso o il freddo invernale.

Clima ideale per le principali specie

1. **Temperature**: La maggior parte delle

specie di Erica cresce meglio con temperature miti, comprese tra i 10 e i 25 °C. In inverno, alcune varietà come l'Erica carnea e l'Erica arborea possono sopportare anche temperature al di sotto dello zero, ma è comunque consigliabile proteggere la pianta con pacciamatura o coperture nelle aree più fredde.

2. **Resistenza al gelo**: Alcune specie di Erica, come l'Erica carnea, sono particolarmente resistenti al freddo e possono sopravvivere a temperature fino a -10 °C. Tuttavia, durante periodi di gelo prolungato, è sempre consigliabile proteggere le radici con un pacciame, che aiuterà a mantenere una temperatura del terreno più stabile e a proteggere l'apparato radicale.

3. **Umidità**: L'Erica preferisce un clima moderatamente umido. Un'eccessiva umidità, combinata con temperature elevate, può però favorire lo sviluppo di malattie fungine e muffe. In climi molto secchi, un'irrigazione supplementare sarà necessaria, ma deve

sempre essere bilanciata per evitare ristagni idrici.

4. **Vento**: Il vento forte può danneggiare l'Erica, in particolare nelle aree costiere. È consigliabile piantare l'Erica in aree riparate dal vento o utilizzare schermi protettivi se la pianta è collocata in un'area esposta.

5. **Microclimi favorevoli**: La pianta può trarre beneficio da microclimi creati in prossimità di alberi, rocce o muretti, che le garantiscono ombra nelle ore più calde e protezione dai venti intensi. Inoltre, i microclimi favoriscono la conservazione dell'umidità senza ristagni, una condizione ottimale per la pianta.

Curare l'irrigazione

L'irrigazione è un aspetto fondamentale nella cura dell'Erica, poiché questa pianta richiede una quantità di acqua precisa per crescere bene senza però subire ristagni, che potrebbero danneggiarne le radici. Le esigenze idriche variano leggermente tra le specie, ma esistono alcuni principi generali utili per stabilire un programma di irrigazione adatto.

Necessità idriche della pianta

L'Erica ha una capacità limitata di trattenere l'acqua nelle sue radici, ed è per questo motivo che predilige un terreno umido ma mai troppo bagnato. L'acqua in eccesso può infatti portare al marciume radicale, una delle cause principali di morte per questa pianta. Ecco alcuni aspetti da considerare per gestire al meglio le esigenze idriche dell'Erica:

1. **Acqua necessaria per ogni specie**: Specie come l'Erica carnea, ad esempio, sono più tolleranti alla siccità rispetto ad altre, come l'Erica cinerea, che richiede un'umidità più costante. Le specie che fioriscono in estate, come l'Erica cinerea, avranno bisogno di più acqua durante la stagione calda rispetto

alle specie che fioriscono in inverno, come l'Erica carnea.

2. **Irrigazione stagionale**: In inverno, il fabbisogno idrico dell'Erica è inferiore e può essere sufficiente affidarsi all'umidità del terreno naturale, specialmente nelle regioni con piogge stagionali. In estate, invece, l'irrigazione dovrà essere più frequente, ma sempre con moderazione, per mantenere il terreno leggermente umido.

3. **Segni di stress idrico**: Foglie ingiallite, secche o cadenti possono essere segni di stress idrico, sia per eccesso che per carenza d'acqua. Un suolo troppo asciutto farà sì che la pianta appassisca, mentre un ristagno idrico porterà alla comparsa di marciumi.

Tecniche di irrigazione consigliate

Per evitare problemi dovuti a un'irrigazione eccessiva o insufficiente, è utile seguire alcune tecniche di irrigazione specifiche per l'Erica:

1. **Irrigazione a goccia**: Questo metodo permette di somministrare acqua in modo lento e costante, mantenendo il terreno umido senza provocare ristagni. Con l'irrigazione a goccia, è possibile fornire alla pianta l'umidità necessaria senza rischiare di allagare le radici.

2. **Irrigazione per capillarità**: Utilizzando sottovasi riempiti d'acqua e posizionati sotto i vasi di Erica, è possibile mantenere una leggera umidità costante nel substrato senza il rischio di sovra-irrigare direttamente. Questo metodo è particolarmente utile per le specie che richiedono una certa umidità, come l'Erica gracilis.

3. **Metodo dell'irrigazione profonda e rara**: Questo sistema consiste nel fornire acqua in abbondanza a intervalli di tempo più lunghi, in modo che l'acqua penetri bene nel terreno

e incoraggi le radici a svilupparsi in profondità. È una tecnica utile per le specie di Erica resistenti alla siccità, che in tal modo riescono a prelevare l'umidità dalle zone più profonde del suolo.

4. **Uso di pacciamatura per conservare l'umidità**: Uno strato di pacciamatura attorno alla base della pianta aiuta a mantenere costante il livello di umidità del terreno, riducendo la frequenza delle irrigazioni e proteggendo le radici dall'evaporazione rapida nei mesi caldi. Materiali come la corteccia di pino, gli aghi di conifera o la torba sono ideali per questo scopo, poiché contribuiscono anche a mantenere l'acidità del suolo.

5. **Innaffiatura manuale**: Per chi coltiva l'Erica in vaso, l'innaffiatura manuale è un metodo efficace per controllare la quantità d'acqua fornita. Si consiglia di innaffiare lentamente, assicurandosi che l'acqua penetri uniformemente senza ristagnare.

Questi aspetti di gestione dell'esposizione, del clima e dell'irrigazione sono fondamentali per garantire all'Erica una crescita rigogliosa e una fioritura abbondante.

Capitolo 3: Nutrimento

L'Erica è una pianta robusta, ma per crescere in salute e fiorire abbondantemente richiede un'attenzione particolare al nutrimento. Con una corretta fertilizzazione, questa pianta acidofila prospera in modo rigoglioso, mantenendo il fogliame verde e compatto e producendo fiori vivaci e duraturi. È quindi essenziale conoscere i periodi, le modalità e i fertilizzanti più adatti per nutrirla nel modo corretto.

Fertilizzazione: quando e come

Ciclo di vita dell'Erica e necessità di fertilizzazione

L'Erica è una pianta perenne con un ciclo di crescita ben definito. Come molte piante, presenta una fase di crescita attiva in primavera e inizio estate, durante la quale sviluppa foglie e fiori, e una fase di riposo vegetativo che avviene in autunno e inverno. La fertilizzazione deve quindi essere mirata e seguire questo ciclo per evitare eccessi di nutrienti nei periodi in cui la pianta non li richiede e ottimizzare il supporto nutrizionale durante i momenti di crescita.

Tempistiche di fertilizzazione

Per nutrire l'Erica in modo efficace, è essenziale comprendere quando applicare i fertilizzanti, modulando le quantità e i tipi di nutrienti in base alla stagione e alla fase di sviluppo della pianta.

1. **Inizio primavera (marzo-aprile)**: All'inizio della primavera, quando la pianta si risveglia dal riposo invernale, è il momento ideale per somministrare un fertilizzante completo a lento rilascio. Questo primo apporto di nutrienti fornirà l'energia necessaria per stimolare la crescita vegetativa e supportare lo sviluppo delle nuove foglie e dei boccioli. Un fertilizzante ricco di azoto

(N) è consigliato in questa fase per favorire la crescita delle foglie.

2. **Fine primavera (maggio-giugno)**: Durante la tarda primavera, l'Erica inizia la fase di fioritura. In questo periodo, la pianta richiede una buona dose di fosforo (P), che è essenziale per stimolare la produzione di fiori abbondanti e sani. È possibile utilizzare un fertilizzante liquido specifico per piante acidofile, che apporti fosforo e potassio (K) senza alterare l'acidità del suolo.

3. **Estate (luglio-agosto)**: Con l'arrivo dell'estate, l'Erica riduce leggermente il suo ritmo di crescita. In questa fase, la fertilizzazione può essere moderata, somministrando solo piccole dosi di fertilizzante liquido se la pianta mostra segni di carenza. Tuttavia, nelle regioni con estati molto calde, è consigliabile evitare un'eccessiva fertilizzazione, che potrebbe stressare la pianta. In caso di necessità, un fertilizzante leggero a base di azoto e potassio aiuterà a sostenere la pianta senza

sovraccaricarla.

4. **Inizio autunno (settembre-ottobre)**:
Durante l'autunno, l'Erica entra in una fase di
accumulo di riserve, preparando il proprio
sistema radicale per il freddo inverno. In
questo periodo, un fertilizzante ricco di
fosforo e potassio è ideale per rafforzare le
radici e migliorare la resistenza della pianta al
freddo. Si sconsiglia di applicare fertilizzanti
contenenti azoto, poiché stimolerebbero la
crescita di nuovi germogli che potrebbero
essere danneggiati dalle basse temperature
invernali.

5. **Inverno (novembre-febbraio)**: Durante
l'inverno, l'Erica entra in uno stato di riposo
vegetativo, e la fertilizzazione è generalmente
sconsigliata. La pianta non necessita di
nutrienti aggiuntivi in questo periodo, poiché
non è in crescita attiva. L'eventuale
fertilizzazione può portare a uno squilibrio
nutrizionale e favorire l'accumulo di sali nel
terreno, che può essere dannoso per l'apparato
radicale.

Frequenza della fertilizzazione

La frequenza della fertilizzazione varia a seconda della tipologia di fertilizzante utilizzato. In generale, ecco come regolare la somministrazione:

- **Fertilizzanti a lento rilascio**: Questi fertilizzanti possono essere applicati una o due volte l'anno, in primavera e in autunno. Sono particolarmente indicati per l'Erica poiché rilasciano i nutrienti in modo graduale, evitando il rischio di eccessi nutrizionali.

- **Fertilizzanti liquidi**: Se si utilizzano fertilizzanti liquidi, è consigliabile somministrarli ogni 4-6 settimane durante la stagione di crescita attiva. Questi fertilizzanti sono facili da assorbire e possono essere applicati per via fogliare, un metodo che si rivela utile in caso di carenze specifiche.

- **Compost organico e ammendanti**: Per arricchire il suolo in modo naturale, si può aggiungere uno strato di compost o letame maturo in primavera o all'inizio dell'autunno. Questa pratica fornisce una nutrizione bilanciata alla pianta e migliora la qualità complessiva del suolo.

Tipologie di fertilizzanti adatti

L'Erica, essendo una pianta acidofila, necessita di fertilizzanti specifici che non alterino il pH del suolo, mantenendo il terreno acido. I fertilizzanti ideali devono fornire azoto, fosforo e potassio nelle giuste proporzioni e includere anche micronutrienti come ferro, manganese e zinco, che sono essenziali per la salute della pianta.

Fertilizzanti minerali per piante acidofile

I fertilizzanti minerali specifici per piante acidofile sono studiati per mantenere l'acidità del suolo e fornire nutrienti essenziali. Ecco alcuni dei migliori tipi di fertilizzanti minerali per l'Erica:

1. **Fertilizzanti NPK bilanciati**: I fertilizzanti con una formula bilanciata di azoto, fosforo e potassio (ad esempio, 10-10-10) sono utili per stimolare una crescita omogenea. Questi fertilizzanti possono essere applicati in primavera per sostenere la crescita vegetativa e la fioritura.

2. **Fertilizzanti acidificanti**: Per le piante acidofile come l'Erica, i fertilizzanti acidificanti sono particolarmente indicati. Prodotti come il solfato di ammonio e il solfato di potassio non solo forniscono azoto e potassio, ma aiutano anche a mantenere un pH acido, favorendo l'assorbimento dei nutrienti.

3. **Chelati di ferro**: Il ferro è un elemento essenziale per l'Erica, e una sua carenza può causare clorosi, ovvero un ingiallimento delle foglie. I chelati di ferro sono formulazioni

speciali che rendono il ferro facilmente disponibile alla pianta. Questi possono essere applicati tramite irrigazione o come spray fogliare.

4. **Micronutrienti**: L'Erica può trarre beneficio da micronutrienti come manganese, zinco e rame, che sono essenziali per una crescita ottimale. Molti fertilizzanti specifici per piante acidofile contengono già questi micronutrienti, ma possono essere aggiunti come integrazione nei casi di carenza.

Fertilizzanti organici

L'uso di fertilizzanti organici è un metodo naturale e sostenibile per fornire nutrienti all'Erica, contribuendo al miglioramento della struttura del suolo e arricchendolo di sostanze organiche. Ecco alcune opzioni di fertilizzanti organici adatte alla pianta:

1. **Compost acido**: Il compost derivato da

materiali acidi come aghi di pino, foglie di quercia o corteccia è particolarmente adatto per l'Erica, poiché mantiene l'acidità del terreno e fornisce nutrienti in modo naturale.

2. **Torba**: La torba è uno degli ammendanti più utilizzati per piante acidofile, poiché contribuisce a mantenere il terreno acido. È possibile mescolare torba al substrato durante la preparazione del terreno o come copertura superficiale per migliorare l'acidità e trattenere l'umidità.

3. **Letame

maturo**: Il letame maturo, ricco di azoto e altri nutrienti, può essere utilizzato con cautela. È importante che sia ben decomposto, per evitare di aumentare il pH del terreno e danneggiare l'Erica.

4. **Emulsione di pesce**: Questo fertilizzante liquido è una fonte naturale di

azoto e fosforo, ideale in primavera per dare alla pianta un impulso di energia. Deve essere applicato diluito e con moderazione, per evitare eccessi di nutrienti.

5. **Fertilizzanti a base di alghe**: I prodotti derivati dalle alghe marine sono un'ottima fonte di micronutrienti e aiutano a stimolare la crescita delle radici. Sono spesso utilizzati come integratori e possono essere applicati come spray fogliare per migliorare la salute generale della pianta.

Attraverso un piano di fertilizzazione ben strutturato e l'uso di fertilizzanti specifici, l'Erica riceverà tutto il nutrimento necessario per crescere forte e sana, garantendo una fioritura rigogliosa e duratura.

Capitolo 4: Potatura e manutenzione

Le piante di Erica, conosciute per i loro piccoli fiori colorati e il fogliame verde, richiedono cure specifiche per mantenere il loro aspetto compatto e fioriture rigogliose. La potatura regolare e una manutenzione costante favoriscono la crescita sana della pianta, riducono i rischi di malattie e ne migliorano l'estetica. Un altro aspetto cruciale è la gestione delle malattie e dei parassiti, che può influenzare notevolmente la vitalità della pianta. Inoltre, per coloro che desiderano propagare l'Erica, esistono diverse tecniche efficaci di riproduzione.

Tecniche di potatura

La potatura dell'Erica è una pratica fondamentale per mantenere la pianta densa e ordinata, stimolare la crescita di nuovi rami e favorire una fioritura abbondante. Poiché l'Erica tende a sviluppare rami lunghi e sottili che possono diventare legnosi con il tempo, la potatura aiuta a prevenire la formazione di aree spoglie e incoraggia una crescita compatta.

1. Quando potare l'Erica

Il momento migliore per potare l'Erica è dopo il periodo di fioritura, che generalmente avviene tra la fine della primavera e l'inizio dell'estate, a seconda della specie. La potatura subito dopo la fioritura consente alla pianta di recuperare durante la stagione di crescita, stimolando lo sviluppo di nuovi rami e gemme per la successiva fioritura.

- **Primavera/Estate**: Potare le specie che fioriscono in inverno e in primavera, come l'Erica carnea, subito dopo la fioritura.

- **Fine estate/autunno**: Le specie che fioriscono in estate, come l'Erica cinerea, vanno potate a fine estate.

2. Come eseguire la potatura

La tecnica di potatura per l'Erica varia in base alla forma e allo stato della pianta:

- **Potatura leggera**: Tagliare i rami appena sotto i fiori appassiti, in modo da stimolare una nuova crescita senza danneggiare i rami principali. Questo tipo di potatura favorisce una crescita compatta e stimola la produzione di nuovi germogli.

- **Potatura di ringiovanimento**: Se la pianta è vecchia o ha rami legnosi e spogli, può essere utile una potatura più drastica. Questa consiste nel tagliare circa un terzo della pianta fino a una zona con fogliame sano, lasciando però sempre alcune foglie per permettere la fotosintesi.

- **Taglio selettivo**: Per eliminare rami secchi o malati, è possibile effettuare un taglio selettivo, eliminando solo le parti danneggiate. Questo aiuta a migliorare l'aerazione e ridurre i rischi di malattie.

3. Strumenti per la potatura

Per una potatura efficace e sicura, è consigliabile utilizzare strumenti adeguati:

- **Forbici da potatura**: Le forbici da potatura a lama curva sono ideali per tagliare rami sottili e fare tagli netti.

- **Cesoie**: Per rami più spessi o legnosi, una cesoia con lame affilate è più adatta.

- **Disinfettante**: È importante disinfettare gli attrezzi prima e dopo l'uso per prevenire la diffusione di malattie.

Manutenzione generale della pianta

Oltre alla potatura, l'Erica necessita di cure regolari per mantenere una buona salute e un aspetto estetico ordinato. Questi interventi includono la pulizia della pianta, la rimozione delle foglie secche e la gestione del terreno.

Pulizia e rimozione delle foglie secche

La rimozione delle foglie secche e dei fiori appassiti non solo mantiene la pianta esteticamente piacevole, ma riduce anche il rischio di sviluppo di muffe e malattie fungine. È consigliabile effettuare questa pulizia regolarmente, soprattutto dopo la fioritura.

Controllo del terreno e pH

L'Erica cresce bene in terreni acidi, quindi è importante controllare il pH del terreno almeno una volta all'anno e aggiungere materiali acidificanti, come torba o aghi di pino, per mantenere l'acidità. Questo favorisce un assorbimento ottimale dei nutrienti e migliora la resistenza della pianta alle malattie.

Pacciamatura

La pacciamatura aiuta a trattenere l'umidità del suolo, mantenere il terreno fresco e ridurre la crescita delle erbe infestanti. Materiali come corteccia di pino o aghi di pino sono ottimi pacciamanti per l'Erica, poiché contribuiscono a mantenere l'acidità del terreno.

Gestione delle malattie e dei parassiti

L'Erica è generalmente resistente, ma può essere soggetta a diverse malattie e attacchi di parassiti che possono comprometterne la salute. La prevenzione e il trattamento tempestivo sono essenziali per mantenere la pianta in buona salute.

Malattie comuni e loro prevenzione

Le malattie che colpiscono più frequentemente l'Erica sono di origine fungina, come la muffa grigia e il mal bianco. Anche la clorosi può essere un problema, specialmente se il terreno non è sufficientemente acido.

1. **Muffa grigia (Botrytis)**: Questa malattia fungina si manifesta con una muffa grigiastra che copre fiori e foglie. È causata da eccesso di umidità e scarsa ventilazione.

   - **Prevenzione**: Evitare di irrigare eccessivamente e assicurare una buona ventilazione tra le piante.

   - **Trattamento**: Rimuovere le parti colpite e applicare un fungicida a base di rame.

2. **Mal bianco (Oidio)**: Si presenta come una polvere biancastra sulle foglie e sui fusti, e può indebolire la pianta.

   - **Prevenzione**: Assicurare un buon drenaggio del terreno e ridurre l'umidità ambientale.

- **Trattamento**: Utilizzare prodotti a base di zolfo o trattamenti naturali con bicarbonato di sodio.

3. **Clorosi**: L'ingiallimento delle foglie dovuto a una carenza di ferro, che impedisce la produzione di clorofilla.

   - **Prevenzione**: Mantenere un terreno acido e controllare il pH regolarmente.

   - **Trattamento**: Applicare chelati di ferro per correggere la carenza.

Rimedi contro i parassiti

L'Erica può essere attaccata da parassiti come afidi e acari, soprattutto in periodi di caldo eccessivo o stress idrico. Ecco come prevenire e trattare gli attacchi parassitari:

1. **Afidi**: Questi piccoli insetti si nutrono della linfa della pianta, causando deformazioni e indebolimento.

- **Prevenzione**: Mantenere la pianta in buona salute e ispezionarla regolarmente.

- **Trattamento**: Spruzzare acqua con sapone di Marsiglia o usare olio di neem.

2. **Acari**: Gli acari causano ingiallimento delle foglie e possono portare alla caduta prematura.

- **Prevenzione**: Evitare condizioni di caldo e secco, e umidificare l'ambiente intorno alla pianta.

- **Trattamento**: Applicare acaricidi naturali o insetticidi biologici.

Riproduzione della pianta

Propagare l'Erica è un metodo efficace per ottenere nuove piante da aggiungere al giardino o per creare bordure omogenee. Esistono diversi metodi per riprodurre questa pianta, tra cui la semina e la tecnica delle talee.

Tecniche di propagazione

1. **Propagazione per talea**: È il metodo
più rapido ed efficace per ottenere nuove
piante identiche a quella madre. Le talee si
eseguono in tarda primavera o inizio autunno,
prelevando segmenti di rami sani.

   - **Procedimento**: Tagliare rami giovani
lunghi circa 10-15 cm, eliminare le foglie
basali e inserire le talee in un terreno leggero e
acido. Tenere il substrato umido e al riparo

dalla luce diretta finché le talee non radicano.

2. **Propagazione per seme**: Sebbene sia
meno utilizzato, il metodo della semina
permette di ottenere nuove piante con
caratteristiche uniche.

   - **Procedimento**: I semi vanno seminati
in un substrato leggero e acido, mantenendo
l'umidità costante e la temperatura intorno ai
15-20°C. La germinazione può richiedere

alcune settimane.

Cura delle giovani piante

Dopo la radicazione delle talee o la germinazione dei semi, le giovani piante di Erica necessitano di cure specifiche:

- **Luce indiretta**: Posizionare le giovani piante in una zona con luce filtrata.

- **Irrigazione**: Mantenere il terreno umido, ma evitare ristagni idrici che possono causare marciume radicale.

- **Trapianto**: Dopo alcuni mesi, quando le piantine sono sufficientemente robuste, possono essere trapiantate in giardino o in vasi più grandi.

Seguendo queste pratiche di potatura, manutenzione e propagazione, l'Erica potrà crescere sana, resistente alle malattie e con un aspetto estetico sempre curato.

Capitolo 5: Coltivazione in Vaso

La coltivazione in vaso dell'Erica è una scelta ideale per coloro che vogliono godere della bellezza di questa pianta anche in spazi ridotti come terrazzi, balconi o patii. Questo metodo offre la possibilità di controllare meglio le condizioni del suolo e dell'irrigazione, garantendo alla pianta un ambiente adatto alle sue esigenze. Tuttavia, per ottenere buoni risultati, è necessario scegliere i vasi e i materiali giusti, oltre a seguire alcune pratiche specifiche di cura.

Scelta dei Vasi e dei Materiali

La scelta del vaso è una delle decisioni più importanti per chi desidera coltivare l'Erica in contenitori. Non tutti i vasi sono adatti e la selezione del materiale e delle dimensioni del vaso può influenzare la salute della pianta, la durata del substrato e il livello di umidità del terreno.

1. Tipi di Vasi

I vasi per la coltivazione dell'Erica devono essere scelti con attenzione, considerando le esigenze specifiche della pianta in termini di drenaggio, temperatura e stabilità.

- **Vasi in terracotta**: I vasi in terracotta sono particolarmente indicati per l'Erica, poiché consentono al terreno di respirare, riducono i rischi di ristagno idrico e mantengono una temperatura più stabile. Inoltre, la terracotta è un materiale poroso che permette all'umidità di evaporare più rapidamente, un vantaggio nelle zone umide o piovose.

- **Vasi in plastica**: Anche se più leggeri ed economici, i vasi in plastica non offrono la stessa traspirabilità della terracotta. Tuttavia, sono adatti in aree asciutte o in ambienti interni dove l'evaporazione è limitata. La plastica, inoltre, aiuta a mantenere l'umidità del terreno, riducendo la necessità di irrigazioni frequenti.

- **Vasi in legno**: I contenitori in legno, come le fioriere, sono un'altra opzione valida, soprattutto per chi desidera un'estetica naturale. Anche il legno permette una certa traspirazione, ma è meno durevole e può richiedere trattamenti contro la decomposizione.

- **Vasi sospesi o fioriere verticali**: Per decorare pareti o creare effetti di cascata, i vasi sospesi sono una scelta elegante per le varietà di Erica a crescita bassa. Questi contenitori devono avere un buon sistema di drenaggio e vanno controllati con maggiore frequenza, poiché tendono ad asciugarsi più velocemente.

2. Dimensioni del Vaso

Le dimensioni del vaso sono fondamentali per permettere una crescita sana e per garantire che le radici dell'Erica abbiano lo spazio sufficiente. Un vaso troppo piccolo limiterà lo sviluppo delle radici, rendendo la pianta più vulnerabile a siccità e ristagni idrici, mentre un vaso troppo grande può rendere difficoltosa la gestione dell'umidità.

- **Altezza e profondità**: L'Erica ha radici poco profonde, quindi un vaso di media profondità è generalmente adeguato. Un'altezza di circa 20-30 cm è ideale per garantire una buona crescita senza eccedere.

- **Diametro**: Per le varietà di Erica più ampie e folte, come l'Erica arborea, un vaso con diametro tra i 25 e i 35 cm permette di ospitare la pianta in modo stabile. Per varietà più compatte, come l'Erica carnea, un vaso di 15-20 cm può essere sufficiente.

3. Drenaggio e Substrato

Il drenaggio è essenziale nella coltivazione dell'Erica, che non tollera l'accumulo di acqua nelle radici. Per questo motivo, è importante scegliere un vaso con fori di drenaggio e aggiungere uno strato di materiali come ghiaia o argilla espansa sul fondo del vaso, che aiuteranno a evitare ristagni.

- **Substrato ideale**: L'Erica predilige un terreno acido, leggero e ben drenante. È possibile utilizzare un mix per piante acidofile o preparare un substrato con torba acida, sabbia e terra da giardino. Una miscela con torba e perlite è altrettanto efficace per garantire leggerezza e drenaggio.

Cura delle Piante in Vaso

Le piante in vaso richiedono cure più frequenti rispetto a quelle coltivate in piena terra, poiché sono più soggette a variazioni di umidità, temperatura e nutrimento. Prendersi cura dell'Erica in vaso implica monitorare attentamente il fabbisogno idrico, la fertilizzazione e l'esposizione alla luce.

Irrigazione

L'irrigazione delle piante eriche, come ad esempio le piante della famiglia delle Ericacee (come rododendri, azalee, mirtilli, e piante di ardesia), è fondamentale per la loro salute e sviluppo. Ecco alcuni dettagli su come effettuare un'irrigazione efficace per queste piante:

1. Conoscere le esigenze idriche

Le piante eriche tendono a prosperare in terreni acidi e ben drenati. È importante conoscere la varietà specifica di pianta che hai, poiché le esigenze idriche possono variare. In generale, queste piante preferiscono un'umidità moderata, evitando sia l'eccesso che la carenza d'acqua.

2. Il terreno

Utilizza un terriccio specifico per piante acidofile, che offre un buon drenaggio. Puoi mescolare torba, sabbia e compost per ottenere una miscela adatta. Assicurati che il vaso o il terreno in cui sono piantate le piante abbia un buon sistema di drenaggio.

3. Frequenza di irrigazione

- **In estate:** durante i mesi più caldi, potrebbe essere necessario irrigare più frequentemente, circa 2-3 volte a settimana, a seconda delle condizioni climatiche. Fai attenzione a non lasciare il terreno completamente asciutto.

- **In inverno:** le piante eriche richiedono meno acqua. Durante i mesi invernali, l'irrigazione può essere ridotta a una volta ogni due settimane, tenendo sempre conto delle condizioni ambientali e delle esigenze specifiche della pianta.

4. Metodo di irrigazione

- **Spruzzatura:** Utilizza un nebulizzatore per aumentare l'umidità intorno alle piante, particolarmente in ambienti chiusi.

- **Irrigazione diretta:** Innaffia direttamente alla base della pianta, evitando di bagnare le foglie per prevenire malattie fungine.

- **Bacinella:** Per le piante in vaso, puoi immergere il vaso in una bacinella d'acqua per alcuni minuti, permettendo al substrato di assorbire acqua dal fondo.

5. Monitoraggio dell'umidità

Controlla regolarmente l'umidità del terreno. Puoi farlo infilando un dito nel terreno: se senti che è asciutto a una profondità di circa 2-3 cm, è il momento di irrigare. Un umidimetro può anche essere uno strumento utile.

6. Segni di stress idrico

Fai attenzione ai segni di stress idrico:

- **Per eccesso d'acqua:** foglie ingiallite, crescita debole e marciume radicale.

- **Per mancanza d'acqua:** foglie secche, caduta prematura delle foglie e steli fragili.

7. Temperatura dell'acqua

Usa acqua a temperatura ambiente; l'acqua fredda può shockare le radici e ostacolare l'assorbimento.

8. Fertilizzazione

Nelle fasi di crescita attiva (primavera ed estate), puoi fertilizzare con un concime specifico per piante acidofile ogni 4-6 settimane. Assicurati di non fertilizzare durante i periodi di stress idrico.

Seguendo queste linee guida, potrai garantire alle tue piante eriche un'irrigazione adeguata e contribuire al loro benessere e alla loro crescita.

Glossario

Acidofile

Piante che preferiscono terreni acidi con un pH inferiore a 7. L'Erica è una pianta acidofila, poiché richiede un terreno acido per assorbire i nutrienti in modo efficace e mantenere il colore vivace delle foglie.

Aghi di pino

Materiale naturale utilizzato come pacciamatura intorno alle piante acidofile come l'Erica. Gli aghi di pino aiutano a mantenere il pH acido del terreno, a trattenere l'umidità e a ridurre la crescita delle erbacce.

Argilla espansa

Materiale leggero e poroso spesso utilizzato nei vasi per favorire il drenaggio. Inserire uno strato di argilla espansa sul fondo dei vasi di Erica aiuta a prevenire ristagni idrici che possono danneggiare le radici.

Botrytis (muffa grigia)

Malattia fungina comune che può colpire l'Erica, causata da un fungo che prolifera in ambienti umidi e mal ventilati. Si manifesta con una muffa grigia su fiori e foglie e può essere prevenuta garantendo una buona circolazione dell'aria.

Brughiera

Un ecosistema naturale caratterizzato da terreno acido e povero di nutrienti, dove spesso si trovano piante del genere *Erica*. La brughiera è un ambiente ideale per molte specie di Erica, come l'Erica arborea e l'Erica carnea.

Chelato di ferro

Fertilizzante contenente ferro in una forma facilmente assorbibile dalle piante. È utile per prevenire la clorosi, un ingiallimento delle foglie dovuto alla carenza di ferro, comune nelle piante acidofile come l'Erica.

Clorosi

Condizione in cui le foglie delle piante ingialliscono a causa di una carenza di clorofilla, spesso dovuta alla mancanza di ferro in terreni non abbastanza acidi. La clorosi è un problema comune per l'Erica se il pH del terreno non è adatto.

Erica arborea

Una specie di Erica che può raggiungere dimensioni considerevoli, fino a 3-4 metri di altezza. È molto diffusa nelle regioni mediterranee e produce piccoli fiori bianchi o rosati in primavera.

Erica carnea

Specie di Erica a crescita bassa e tappezzante, molto resistente al freddo e in grado di fiorire anche in inverno. I suoi fiori variano dal rosa al bianco, rendendola una scelta popolare per giardini rocciosi e bordure.

Erica cinerea

Specie di Erica estiva, spesso utilizzata in giardini e spazi aperti per il suo fogliame sottile e i suoi fiori viola o rosa. Questa pianta è più resistente alle temperature miti e fiorisce da metà estate all'inizio dell'autunno.

Erica multiflora

Conosciuta anche come Erica cespugliosa, è una specie diffusa nelle regioni mediterranee, particolarmente resistente alla siccità. Produce fiori bianchi o rosa a grappolo ed è spesso coltivata in giardini costieri.

Erica tetralix

Nota come Erica delle paludi, cresce spontaneamente in terreni umidi e acidi. Questa specie presenta fiori rosa pallido disposti in grappoli e un fogliame grigio-verde, adattandosi bene ai climi più freschi.

Fertilizzante per acidofile

Fertilizzante appositamente formulato per piante acidofile, con un contenuto bilanciato di azoto, fosforo e potassio e microelementi come il ferro. È ideale per piante come l'Erica, che richiedono un terreno acido.

Germogli apicali

I germogli che si trovano alla sommità dei rami e rappresentano la parte della pianta che cresce più velocemente. La potatura dei germogli apicali è una tecnica comune per stimolare la crescita laterale e ottenere una pianta più compatta.

Mal bianco (oidio)

Malattia fungina che si manifesta come una patina bianca polverosa sulle foglie e sui fusti. L'Erica può esserne colpita, specialmente in ambienti troppo umidi o mal ventilati. È consigliabile mantenere una buona circolazione dell'aria intorno alla pianta.

Marciume radicale

Condizione in cui le radici della pianta si deteriorano a causa di un eccesso di umidità o di ristagni d'acqua. Il marciume radicale è una delle principali cause di morte nelle piante di Erica coltivate in vaso, specialmente se non hanno un buon drenaggio.

Micorrize

Funghetti benefici che vivono in simbiosi con le radici delle piante e migliorano l'assorbimento dei nutrienti, in particolare del fosforo. Le micorrize sono particolarmente utili per le piante acidofile come l'Erica, migliorando la loro salute generale.

Pacciamatura

Tecnica di copertura del terreno con materiali naturali come corteccia, aghi di pino o torba per trattenere l'umidità, mantenere fresco il suolo e ridurre la crescita delle erbe infestanti. La pacciamatura è utile per mantenere l'acidità del terreno intorno all'Erica.

Perlite

Materiale inerte e leggero utilizzato nei substrati per migliorare il drenaggio e l'aerazione. La perlite è ideale per i terreni delle piante di Erica, poiché assicura che le radici abbiano l'umidità necessaria senza ristagni.

PH del terreno

Misura della acidità o basicità del suolo. L'Erica predilige terreni acidi, con un pH compreso tra 4.5 e 6. Se il pH è troppo elevato, la pianta può sviluppare carenze nutrizionali come la clorosi.

Propagazione per talea

Tecnica di moltiplicazione della pianta che consiste nel prelevare un ramo e radicarlo in un nuovo substrato per ottenere una pianta identica alla madre. La talea è un metodo comune per propagare l'Erica.

Sabbia silicea

Tipo di sabbia utilizzata per migliorare il drenaggio nei terreni delle piante acidofile. La sabbia silicea aiuta a evitare ristagni idrici che possono danneggiare le radici dell'Erica, mantenendo un substrato ben drenante.

Seme

Un mezzo di propagazione meno comune per l'Erica, poiché le talee tendono a essere più rapide e affidabili. La semina richiede tempi di germinazione lunghi e può dare risultati variabili, ma è utile per ottenere nuove varianti di piante.

Substrato acido

Terreno con un pH inferiore a 7, generalmente arricchito con materiali come torba acida, aghi di pino o zolfo per abbassare il pH. Il substrato acido è essenziale per coltivare l'Erica, poiché favorisce l'assorbimento dei nutrienti.

Talea

Un frammento di pianta, come un ramo, prelevato e coltivato per sviluppare nuove radici e generare una nuova pianta. La talea è il metodo più rapido per riprodurre l'Erica, che si radica facilmente se trattata in modo adeguato.

Terriccio per piante acidofile

Miscela di terreni formulata per piante che preferiscono un pH acido. Contiene spesso torba, sabbia e perlite, e può essere arricchito con fertilizzanti specifici. Il terriccio per acidofile è consigliato per l'Erica, che richiede condizioni di coltivazione specifiche.

Torba acida

Materiale organico leggero e acido, ideale per aumentare l'acidità del substrato. La torba acida è un ingrediente comune nei terricci per piante acidofile come l'Erica, poiché aiuta a mantenere il pH del terreno a livelli ottimali.

Vaso in terracotta

Contenitore poroso che favorisce la traspirazione e riduce il rischio di ristagni d'acqua. I vasi in terracotta sono indicati per la coltivazione in vaso dell'Erica, poiché mantengono il substrato fresco e traspirante.

Vaso sospeso

Tipo di contenitore che permette di coltivare l'Erica a cascata, creando effetti ornamentali particolarmente piacevoli. I vasi sospesi necessitano di un buon drenaggio e vanno irrigati più frequentemente poiché si asciugano rapidamente.

Indice